Kuncham Narasimhulu
Kotalo Rama Gopal
Rajuru Ramakrishna Reddy

Análise da profundidade ótica dos aerossóis numa região semi-árida, Anantapur, A.P

Kuncham Narasimhulu
Kotalo Rama Gopal
Rajuru Ramakrishna Reddy

Análise da profundidade ótica dos aerossóis numa região semi-árida, Anantapur, A.P

ScienciaScripts

Imprint
Any brand names and product names mentioned in this book are subject to trademark, brand or patent protection and are trademarks or registered trademarks of their respective holders. The use of brand names, product names, common names, trade names, product descriptions etc. even without a particular marking in this work is in no way to be construed to mean that such names may be regarded as unrestricted in respect of trademark and brand protection legislation and could thus be used by anyone.

Cover image: www.ingimage.com

This book is a translation from the original published under ISBN 978-3-659-86595-4.

Publisher:
Sciencia Scripts
is a trademark of
Dodo Books Indian Ocean Ltd. and OmniScriptum S.R.L publishing group

120 High Road, East Finchley, London, N2 9ED, United Kingdom
Str. Armeneasca 28/1, office 1, Chisinau MD-2012, Republic of Moldova, Europe
Managing Directors: Ieva Konstantinova, Victoria Ursu
info@omniscriptum.com

Printed at: see last page
ISBN: 978-620-8-55262-6

ÍNDICE

Capítulo 1. Introdução

A atmosfera é composta principalmente por azoto, oxigénio e vários gases nobres, cuja concentração se manteve notavelmente fixa e que ocorrem em quantidades relativamente pequenas e por vezes muito variáveis.

Apesar da sua aparente natureza imutável, a atmosfera é, na realidade, um sistema dinâmico, com os seus constituintes gasosos a serem continuamente trocados com a vegetação, os oceanos e os organismos biológicos. Os chamados ciclos dos gases atmosféricos envolvem uma série de processos físicos e químicos. Os gases são produzidos por processos químicos na própria atmosfera, por atividade biológica, exalação vulcânica, decaimento radioativo e actividades industriais humanas. Os gases são removidos da atmosfera por reacções químicas na atmosfera, por atividade biológica, por processos físicos na atmosfera (como a formação de partículas) e por deposição e absorção pelos oceanos e pela terra. O tempo de vida médio de uma molécula de gás introduzida na atmosfera pode variar entre segundos e milhões de anos, dependendo da eficácia dos processos de remoção. A maioria das espécies consideradas poluentes atmosféricos (numa região em que as suas concentrações excedem substancialmente os níveis de fundo normais) tem fontes naturais e artificiais. Por conseguinte, para avaliar o efeito que as emissões de origem humana podem ter na atmosfera como um todo. É essencial compreender os ciclos atmosféricos dos gases vestigiais, incluindo as fontes naturais e antropogénicas, bem como os mecanismos de remoção predominantes.

As partículas na atmosfera provêm de fontes naturais, como poeiras transportadas pelo vento, salpicos do mar e vulcões, e de actividades antropogénicas, como a combustão de combustíveis. Embora um aerossol seja tecnicamente definido como uma suspensão de partículas finas sólidas ou líquidas num gás (Hanel 1976, Mc Cartney 1976), a utilização comum refere-se ao aerossol apenas como o componente particulado. Emitidos diretamente como partículas (aerossol primário) ou formados na atmosfera por processos de conversão de gás em partículas (aerossol secundário), os aerossóis atmosféricos são geralmente considerados como as partículas que variam em tamanho de alguns nanómetros (nm) a dezenas de micrómetros (µm) de diâmetro. Uma vez transportadas pelo ar, as partículas podem alterar o seu tamanho e composição por condensação de espécies de vapor ou por evaporação, por coagulação com outras partículas, por reação química. Ou por ativação na presença de super-saturação de água, transformando-se em gotículas de nevoeiro e de nuvem. As partículas com menos de 1 µm de diâmetro têm geralmente concentrações atmosféricas na ordem dos dez a vários milhares por cm^3; estas $^{-3}$ que excedem 1 µm de diâmetro encontram-se geralmente em concentrações inferiores a 1 cm .

Os aerossóis, tanto naturais como antropogénicos, desempenham um papel importante nas ciências atmosféricas e astronómicas. Afectam as ciências atmosféricas ao transmitir forçamento radiativo e perturbar o equilíbrio radiativo do sistema Terra-atmosfera, bem como ao degradar o ambiente. Para compreender os efeitos dos aerossóis nos nossos sistemas geo/biosfera, é essencial caraterizar as suas propriedades físicas, químicas e ópticas no maior número possível de locais, devido à natureza regional das suas propriedades e ao seu curto período de vida (Moorthy et al., 1999; Satheesh et al., 2002). Isto também ajudará a construir uma imagem abrangente da distribuição global dos aerossóis e também do seu potencial impacto ambiental. Como a maioria das fontes de aerossóis é de origem terrestre, a variabilidade das suas propriedades será muito grande perto da superfície. A altitudes mais elevadas, acima da região de mistura e na troposfera livre, as caraterísticas dos aerossóis têm uma perspetiva mais sinóptica, seriam indicativas do nível de fundo e são úteis para compreender o impacto a longo prazo. Estas medições sistemáticas de aerossóis a grandes altitudes são praticamente inexistentes na Índia.

Os aerossóis produzem uma variedade de efeitos atmosféricos. Na baixa troposfera, são importantes na formação de nevoeiro, neblina e nuvens e afectam a visibilidade, enquanto nas regiões superiores da atmosfera produzem efeitos químicos e eléctricos. Os aerossóis também desempenham um papel muito importante no orçamento de radiação do sistema terra-atmosfera e afectam o clima. A interação dos aerossóis com a radiação que atravessa a atmosfera produz também uma deformação espetral significativa nas imagens de satélite. A modelação dos parâmetros dos aerossóis utilizando bases de dados de longo prazo é muito importante para os cálculos do orçamento de radiação e para a modelação dos impactos climáticos.

Os aerossóis, tal como são produzidos por uma variedade de fontes naturais e antropogénicas, são polidispersos com tamanhos que variam entre 10^{-3} µm e 10^{3} µm. Os efeitos atmosféricos produzidos pelos aerossóis dependem fortemente do espetro de tamanhos. As partículas na gama de tamanhos de 0,1-1 µm são as mais importantes na produção de efeitos radiativos e ópticos. A natureza química das partículas determina o índice de refração complexo, que é também um parâmetro importante que influencia a interação radiativa dos aerossóis. As propriedades dos aerossóis (e, portanto, os consequentes efeitos radiativos) são uma forte função das suas fontes e sumidouros e são afectadas por várias interações físicas e químicas entre os aerossóis e outras espécies atmosféricas. Como tal, os aerossóis apresentam um elevado grau de variabilidade no espaço e no tempo no que respeita às suas caraterísticas. Os aerossóis gerados num determinado local podem ser transportados a longas distâncias pelos sistemas de vento e produzir efeitos consequentes em locais muito mais distantes da fonte. Um bom exemplo disto é o transporte da poeira do Sara através do Atlântico. Dado que a parte antropogénica da carga total de aerossóis é bastante substancial (~20%) e acredita-se que esteja a aumentar (Prospero et al, 1883), é essencial monitorizar as caraterísticas dos aerossóis a longas escalas temporais, bem como em locais espacialmente separados, para compreender e delinear os vários processos que são importantes na produção e controlo das caraterísticas dos aerossóis, das suas abundâncias e dos seus efeitos atmosféricos. Isto é também essencial para desenvolver modelos realistas de aerossóis e para caraterizar a variação espacial e temporal.

Os aerossóis influenciam o clima diretamente, ao dispersarem e absorverem a radiação solar (Charlson et al., 1992), e indiretamente, ao actuarem como núcleos de condensação das nuvens, afectando as concentrações de gotículas, as propriedades ópticas, a taxa de precipitação e o tempo de vida das nuvens (Rosefield, 2000). Os aerossóis também influenciam a radiação de comprimento de onda longo, mas em menor escala. A retrodifusão da radiação solar pelos aerossóis aumenta o albedo planetário, conduzindo a um forçamento negativo da superfície (arrefecimento).

As partículas são eventualmente removidas da atmosfera por dois mecanismos: deposição à superfície da Terra (deposição seca) e incorporação em gotículas de nuvens durante a formação de precipitação (deposição húmida). Como a deposição húmida e a deposição seca conduzem a tempos de permanência relativamente curtos na troposfera, e como a distribuição geográfica das fontes de partículas é altamente desuniforme, os aerossóis troposféricos variam muito em concentração e composição sobre a Terra. Enquanto os gases vestigiais atmosféricos têm tempos de vida que variam de menos de um segundo a um século ou mais, os tempos de residência das partículas na troposfera variam apenas de alguns dias a algumas semanas.

1.1 Classificação dos aerossóis

Dependendo da fonte e do mecanismo de produção, o tamanho do aerossol varia e estende-se por cerca de cinco ordens de grandeza, de 10^{-3} a 10^{2} µm (Junge 1963, Prospero et al 1983). O limite inferior é o intervalo de transição das moléculas de ar para as partículas de aerossol. As partículas maiores do que 100 µm não podem permanecer suspensas no ar durante longos períodos. Dependendo do tamanho, os aerossóis são amplamente classificados em três categorias: (i) Partículas de Aitken com raios inferiores a 0,1 µm. (ii) Partículas grandes com raios na faixa de 0,1 a 1,0 µm e (iii) Partículas gigantes com raios maiores que 1,0 µm. Dependendo do tamanho, os aerossóis são classificados em três grupos (i) modo de nucleação ($r=0{,}001$ a 0,1 µm) (ii) modo de acumulação ($r=0{,}1$ a 1,0 µm) e (iii) modo grosseiro ($r>1$ µm). Os aerossóis de modo de nucleação são produzidos principalmente por processos de conversão de gás em partículas na atmosfera, o modo de acumulação por coagulação e crescimento condensacional de aerossóis de modo de nucleação e aerossóis de modo grosseiro por processo mecânico. Os aerossóis de diferentes tamanhos são importantes para diferentes processos atmosféricos. As partículas muito pequenas ($r<0{,}01$ µm) não são capazes de atuar como núcleos de condensação de nuvens para a formação de nuvens; mas estes aerossóis são importantes quando se considera a eletricidade atmosférica

(Junge 1963). Os aerossóis na gama das partículas grandes são atenuadores eficientes da radiação solar visível. Na física das nuvens, os aerossóis gigantes desempenham um papel significativo. Geograficamente, os aerossóis são classificados em aerossóis continentais, marítimos e de fundo.

Dependendo da forma da partícula, as partículas de aerossol são divididas em três categorias. São elas: (i) partículas isométricas, que têm todas as três dimensões aproximadamente iguais (por exemplo, esféricas, poliédricas regulares, etc.); (ii) plaquetas com duas dimensões longas em relação à terceira dimensão (por exemplo, fragmentos de folhas); e (iii) fibras com uma dimensão longa em relação às outras duas dimensões (por exemplo, materiais semelhantes a fios). O raio ou o diâmetro das partículas têm sido normalmente utilizados para descrever o tamanho das partículas. Mas, uma vez que os aerossóis são sistemas polidispersos com diferentes formas de partículas, existem diferentes meios para definir a dimensão das partículas. Dois parâmetros utilizados anteriormente são o diâmetro de Martin e o diâmetro de Ferret. O diâmetro de Martin é o comprimento da linha que separa cada partícula em duas porções iguais, enquanto o diâmetro de Ferret é a distância máxima entre os bordos de cada partícula. Uma vez que estas medidas variam com a orientação da partícula, o diâmetro também pode ser definido em termos da velocidade de sedimentação da partícula. O diâmetro aerodinâmico de uma partícula é o diâmetro de uma esfera de densidade unitária com a mesma velocidade de sedimentação que a da partícula.

1.2 Fontes de aerossóis

Os aerossóis atmosféricos são produzidos por vários processos. As fontes de aerossóis podem ser de origem terrestre ou extraterrestre. Embora a contribuição das fontes extraterrestres seja menor, estas são importantes na estratosfera. Os aerossóis de origem terrestre são de origem natural ou antropogénica. As fontes de aerossóis podem ser primárias ou secundárias, dependendo do facto de as partículas serem produzidas direta ou indiretamente na atmosfera. As fontes primárias ou diretas de aerossóis são, na sua maioria, de origem natural, incluindo poeiras interplanetárias (detritos meteoríticos), poeiras terrestres e aerossóis de sal marinho. As fontes secundárias ou indirectas incluem as reacções químicas que convertem as espécies gasosas atmosféricas naturais e artificiais em partículas sólidas ou líquidas. Este processo de mudança de fase é designado por conversão de gás em partículas. Geralmente, as partículas produzidas pela conversão de gás em partícula têm um raio inferior a ~0,1 μm. Os precursores gasosos são principalmente compostos de enxofre, azoto e compostos orgânicos como os terpenos. Os aerossóis de origem terrestre são formados principalmente por dois mecanismos: (i) processos de desintegração mecânica e (ii) processos de conversão de gás em partículas.

1.2.1Desintegração mecânica

As partículas finas de solo e areia são transportadas pelo ar pela ação do vento. Num terreno acidentado, a presença de partículas irregulares de solo e areia faz com que o movimento turbulento prevaleça na superfície. Este processo leva as partículas da superfície para a atmosfera. Investigações sobre a captação aerodinâmica de aerossóis da superfície terrestre pela ação do vento mostraram que a velocidade limite do vento para a captação aerodinâmica direta de partículas de solo é uma forte função do tamanho das partículas. Os investigadores descobriram que velocidades do vento superiores a 0,5 m s^{-1} são capazes de captar e manter no ar partículas de solo com dimensões até r~2 μm. Outro tipo de produção mecânica de aerossóis provém das ondas oceânicas que produzem gotículas de pulverização nas suas cristas durante condições de vento forte ($U > 10$ m s^{-1}). A baixas velocidades do vento, o borbulhar ocorre como resultado do arrastamento do ar pela rebentação das ondas. Os aerossóis produzidos pelo rebentamento de bolhas de ar constituem outro tipo de aerossóis naturais. Muitos tipos de partículas orgânicas, como pólenes, sementes, esporos e fragmentos de folhas libertados pelas plantas e distribuídos por vários sistemas de circulação atmosférica, constituem outro tipo de fonte primária de aerossóis, especialmente em zonas florestais e regiões com vegetação densa.

1.2.2Conversão de gás em partículas

As partículas na atmosfera podem ser produzidas pela nucleação de gases pouco voláteis produzidos principalmente como resultado de operações industriais. Incêndios florestais, etc. Este processo é designado por conversão de gás em partícula. A conversão de gás em partículas pode ocorrer por nucleação heterogénea ou homogénea. Na nucleação homogénea, os gases precursores formam diretamente novas partículas, enquanto na nucleação heterogénea os gases precursores se condensam na superfície das partículas existentes. Para que a nucleação homogénea ocorra são necessárias elevadas super-saturações. A nucleação heterogénea ocorre com aerossóis com área de superfície suficiente. Os aerossóis capazes de atuar como locais de condensação situam-se normalmente no intervalo de raio de 0,1 a 1,0 µm. Os aerossóis produzidos por nucleação homogénea abrangem uma vasta gama de tamanhos, mas a maioria abrange a gama de partículas de Aitken ($r<0,1$ µm) (Hoppel et al 1990). As reacções químicas entre várias espécies gasosas também resultam na conversão de gás em partículas, catalisada principalmente pela radiação ultravioleta do sol. Uma vez que as partículas produzidas pela conversão de gás em partícula são higroscópicas por natureza, podem atuar como núcleos de condensação para a formação de nuvens. Os principais componentes envolvidos no processo de conversão de gás em partículas são os gases contendo enxofre e azoto.

1.2.3Processos de transformação de aerossóis

Existem diferentes processos que transformam as partículas de aerossóis de um tamanho noutra gama de tamanhos. Os principais processos de transformação de aerossóis são a coagulação, a condensação do vapor de água nas partículas existentes e o processamento de aerossóis por ciclos de nuvens não precipitantes.

1.3 Tipos de aerossóis

As partículas de aerossóis produzidas por diferentes processos têm uma variedade de tamanhos e composições químicas. Após a produção, estes aerossóis são transportados para longe das fontes pelo sistema de circulação vertical e horizontal na atmosfera. Durante o seu tempo de vida na atmosfera, as partículas de aerossóis estão a sofrer contínuas modificações físicas e químicas. Os aerossóis produzidos a partir de diferentes fontes são misturados por difusão e coagulação browniana numa microescala e por processos de mistura atmosférica numa grande escala. Os aerossóis provenientes da mesma fonte têm normalmente caraterísticas semelhantes (especialmente a composição química) e os aerossóis de origem diferente diferem normalmente na sua composição. As caraterísticas dos aerossóis num determinado local dependem da proximidade do tipo de fonte. Por exemplo, numa estação costeira, a predominância relativa de aerossóis marinhos depende do facto de a brisa marítima ou terrestre prevalecer na camada limite. Dependendo dos mecanismos de produção e do tipo de fonte, há uma série de tipos de aerossóis. Apresenta-se de seguida uma breve descrição dos principais tipos de aerossóis.

1.3.1Aerossóis derivados do solo

As partículas provenientes do solo são geralmente aerossóis minerais e são produzidas pela meteorização do solo. As partículas de areia ultrafina são formadas pelos ventos, principalmente nas regiões áridas do mundo. Os locais onde se registam gradientes de temperatura elevados favorecem o processo de trituração que produz as partículas finas à superfície da Terra. O transporte a longa distância das partículas derivadas do continente pela ação combinada das correntes de convecção e dos sistemas de circulação geral faz com que estas partículas sejam um constituinte significativo mesmo em locais distantes das suas fontes. Por exemplo, várias investigações sobre o Oceano Atlântico observaram a poeira do Sara mesmo em locais remotos do Oceano Atlântico. As partículas derivadas do solo encontram-se entre os maiores aerossóis, com raios que variam entre menos de 0,1 µm e ~100µm. As partículas desta gama estão presentes apenas nas regiões de origem mas, em geral, as partículas de raio 0,1-5 µm são transportadas a longas distâncias (~5000 kms) para a atmosfera marinha. As medições da distribuição do tamanho dos aerossóis e a análise da composição química dos aerossóis sobre

A Antárctica encontrou partículas minerais com raios superiores a 2 µm de origem australiana. Uma vez que estas partículas são geradas à superfície da Terra, estão principalmente confinadas à troposfera. Uma vez que a composição do solo varia localmente, os aerossóis minerais derivados do solo apresentam uma grande variabilidade na parte imaginária do seu índice de refração, o que determina principalmente o forçamento climático por este tipo de aerossóis. A eficiência com que os aerossóis são produzidos a partir dos desertos varia em função das caraterísticas do solo num determinado local. Para os aerossóis derivados da crosta terrestre, Gillitte observou uma relação exponencial para a produção da forma,

$$C = 52{,}77 \exp(0{,}30U)$$

Onde C é a concentração de massa em $\mu g\ m^{-3}$ e U é a velocidade do vento à superfície em $m\ s^{-1}$. A composição do solo varia consoante o local, o que permite identificar as regiões de origem dos aerossóis encontrados num determinado local, especialmente sobre os oceanos. Os desertos do mundo produzem cerca de 200 $Tg\ yr^{-1}$ de aerossóis minerais.

1.3.2 Aerossóis de sal marinho

As partículas de sal marinho são produzidas no mar principalmente pelos processos associados ao rebentamento das bolhas de ar. Blanchard e Woodcock discutiram os vários mecanismos de produção de sal marinho e concluíram que o rebentamento de bolhas é a principal fonte de partículas de sal marinho. Após a produção, a gota de água do mar começa a evaporar para manter o equilíbrio com a humidade relativa ambiente. Dependendo da humidade relativa, a partícula pode existir como gotícula em solução ou como matéria cristalina. Estudos anteriores de Woodcock sugeriram que as partículas mais pequenas produzidas pelo rebentamento de bolhas podem ter menos de 0,1 μ m de raio. Investigações posteriores mostraram que a maioria das partículas com menos de 0,2 μm são partículas que não são de sal marinho. Medições exaustivas de aerossóis de sal marinho revelaram que a concentração de partículas de sal marinho depende fortemente da velocidade do vento à superfície do mar. As partículas de sal marinho são as que mais contribuem para a população global de aerossóis.

1.3.3 Aerossóis continentais rurais

Os aerossóis em áreas rurais são principalmente de origem natural, mas com uma influência moderada de fontes antropogénicas (Hobbs et al., 1985). A distribuição numérica é caracterizada por dois modos com diâmetros de cerca de 0,02 e 0,08 μm, respetivamente (Jaenicke, 1993), enquanto a distribuição de massa é dominada pelo modo grosseiro centrado em cerca de 7 µm. A distribuição de massa do aerossol continental não influenciado por fontes locais tem um pequeno modo de acumulação e nenhum modo de núcleo. A concentração de PM_{10} dos aerossóis rurais é de cerca de 20 µg m^{-3}. **1.3.4 Aerossóis continentais remotos**

As partículas primárias (por exemplo, poeiras, pólenes, ceras de plantas) e os produtos de oxidação secundários são os principais componentes do aerossol continental remoto (Deepak e Gali, 1991). As concentrações do número de aerossóis são, em média, de cerca de 2000 a 10 000 cm^{-3} e as concentrações de PM_{10} são de cerca de 10 µg m^{-3} (Bashurova et al., 1992; Koutsenogii et al., 1993; Koutsenogii e Jaenike,1994). Para os Estados Unidos continentais, as concentrações de PM_{10} em áreas remotas variam de 5 a 25 µg m^{-3} e $PM_{2,5}$ de 3 a 17 µg m^{-3}. As partículas com menos de 2,5 µm de diâmetro representam 40 a 80% da massa de PM_{10} e são constituídas principalmente por sulfato, amónio e substâncias orgânicas. A distribuição do número de aerossóis pode ser caracterizada por três modos nos diâmetros 0,02, 0,1 e 2 µm (Jaenicke, 1993).

1.3.5Aerossóis troposféricos livres

Os aerossóis troposféricos de fundo encontram-se na troposfera média e superior, acima das nuvens. Embora ocupem uma fração significativa do volume da troposfera, têm recebido relativamente pouca atenção. A maior parte das medições foi efectuada em locais de elevada altitude ou em massas de ar em subsidência que reflectem as condições da troposfera média. Os modos da distribuição numérica correspondem a diâmetros médios de 0,01 e 0,25 (Jaenicke, 1993). Os espectros da troposfera média indicam tipicamente mais partículas no modo de acumulação em relação aos espectros da troposfera inferior, sugerindo a limpeza pela precipitação e a deposição de partículas mais pequenas e maiores (Leaitch e Isaac, 1991).

1.3.6Aerossóis estratosféricos

As caraterísticas dos aerossóis estratosféricos têm sido objeto de investigações aprofundadas desde a década de 1960 e, em comparação com os aerossóis troposféricos, as caraterísticas dos aerossóis estratosféricos são agora bem compreendidas. A principal fonte de aerossóis na estratosfera é a proveniente da troposfera e, em menor escala, os detritos meteoríticos. As erupções vulcânicas são susceptíveis de produzir grandes quantidades de aerossóis na estratosfera. As erupções vulcânicas fornecem dois componentes para a formação de aerossóis: (i) gases precursores para a conversão de gás em partículas e (ii) poeiras insolúveis em água e cinzas volantes. As erupções vulcânicas e os incêndios florestais injectam grandes quantidades de dióxido de enxofre (SO_2) e sulfureto de carbonilo (OCS) na estratosfera, o que resulta na formação de vapor de ácido sulfúrico que, através da nucleação e da condensação, é convertido em gotículas de H2SO4. As observações a longo prazo dos aerossóis estratosféricos indicam que a estratosfera foi perturbada por vulcanismo em cerca de 90% das vezes. Na ausência de grandes erupções vulcânicas, a distribuição do tamanho dos aerossóis estratosféricos pode ser representada como unimodal com um número de raios de modo de cerca de ~0,08 µm que se converte em bimodal após grandes erupções vulcânicas como resultado da nucleação de novas partículas (resultando num modo em r_{m1}) e do crescimento de aerossóis pré-existentes (resultando num modo em r_{m2}). Os raios dos modos situam-se no intervalo r_{m1} ~0,05-0,15 µm e r_{m2} ~0,3- 0,5 µm. Em muitos fenómenos vulcânicos, a força dos aerossóis vulcânicos pode exceder a força média dos aerossóis estratosféricos. Os aerossóis vulcânicos têm uma constante de tempo de dobragem e^{-1} de cerca de 12-15 meses. A profundidade ótica dos aerossóis estratosféricos não vulcânicos ou de fundo a 0,55 µm é considerada como ~0,003-0,005. As caraterísticas do aerossol estratosférico não mostram quaisquer variações nos continentes e oceanos.

1.3.7 Aerossóis extra-terrestres

As partículas de aerossol de origem extraterrestre provêm principalmente de detritos de cometas e de chuvas de meteoros que se desagregam aquando da colisão. A gama de tamanhos destas partículas varia entre um décimo de mícron e vários milímetros de diâmetro e são responsáveis pela luz zodiacal em resultado da dispersão da luz solar a grandes altitudes. A contribuição deste tipo de aerossóis é menor para a população global de aerossóis e encontra-se normalmente na estratosfera. O maior destes aerossóis atinge imediatamente a superfície terrestre, mas os mais pequenos têm um tempo de residência de meses a anos, dependendo da dimensão das partículas e de outros processos de remoção.

1.4 Área de estudo

O estudo dos aerossóis e a sua investigação são importantes por várias razões. Os aerossóis desempenham um papel muito importante no orçamento da radiação. Os efeitos dos aerossóis na saúde humana são também motivo de preocupação. Os aerossóis têm efeitos diretos e indirectos, ou seja, são núcleos de condensação de nuvens e aumentam o albedo das nuvens. Os aerossóis têm um impacto significativo no clima regional, efeitos adversos na saúde e redução do rendimento das culturas. Mesmo os aerossóis compostos por materiais benignos podem ser irritantes e alguns aerossóis são parcialmente constituídos por materiais tóxicos.

Anantapur representa uma região continental muito seca de Andhra Pradesh, geograficamente situada na fronteira da zona semi-árida, ocupando o segundo lugar a seguir ao Rajastão. O distrito de Anantapur, na região de Rayalaseema, é a parte mais seca do Estado de Andhra Pradesh. Estando longe das costas leste e oeste, este distrito está privado de todos os benefícios das duas monções e, consequentemente, é frequente registarem-se secas. O clima é quente e seco no verão, quente e húmido na estação das chuvas e seco no inverno. Esta região recebe muito pouca precipitação. A precipitação normal é da ordem dos 450 mm durante todo o ano (cerca de 300 mm no período das monções do sudoeste e 150 mm no período das monções do nordeste). Cerca de 85% da população é afetada pela doença neste distrito, devido à fraca precipitação, à temperatura elevada e aos ventos secos durante os períodos de monção.

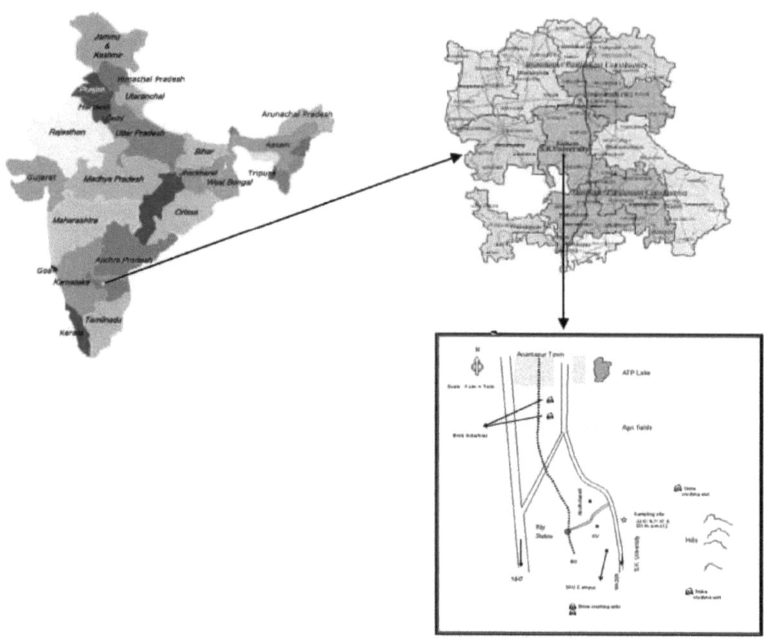

Fig. 1.1. Mapa que mostra o local de observação, Universidade Sri Krishnadevaraya (☆), Anantapur. Também a posição da estação (Anantapur) sobre a península indiana.

O distrito de Anantapur situa-se geograficamente entre $13{,}67^0$ e $15{,}25^0$ latitudes norte e $76{,}83^0$ e $78{,}5^0$ longitudes leste. O local de observação, a Universidade Sri Krishnadevaraya (SKU), está situado na extremidade sul da cidade de Anantapur, a $14{,}62^0$N de latitudes e $77{,}65^0$E de longitudes, a uma altitude de 331 m a.m.s.l. O distrito é limitado pelos distritos de Kadapa e Chittor a leste e pelo distrito de Kurnool a norte. O estado de Karnataka faz fronteira a sul e a oeste do distrito. A área geográfica total do distrito é de 19,125 km^2. Num raio de 50 km, a região tem várias fábricas de cimento, fornos de cal e unidades de polimento de placas. As indústrias libertam diariamente para a atmosfera grandes quantidades de partículas. As indústrias, a autoestrada nacional e a zona urbana situam-se na região norte a sudoeste, a 10-15 km de distância do local de observação. Estes factores constituem uma forte fonte local de aerossóis em Anantapur e são esperadas algumas caraterísticas especiais nesta estação. Na Fig. 1.1 é apresentado um mapa do local, onde estão assinalados os locais de interesse.

Capítulo 2. Instrumentos e análise de dados

2.1 Introdução

As medições dos aerossóis atmosféricos incluem métodos diretos e indirectos que utilizam uma variedade de instrumentos. Estes estudos exigem frequentemente a utilização de procedimentos físicos e químicos. Podem ser identificadas quatro categorias de medições de aerossóis (Prospero et al 1983)

i) Medidas diferenciais em que as propriedades dos aerossóis são determinadas em função da dimensão das partículas. (por exemplo, a concentração de uma espécie, o índice de refração, etc.)

ii) Medidas integrais que são funções ponderadas sobre uma distribuição de tamanhos que podem ser relacionadas com efeitos ou processos específicos (por exemplo, propriedades ópticas que são o resultado da integração de uma propriedade ótica dependente do tamanho sobre a distribuição de tamanhos, fluxo de deposição seca, etc.). O presente estudo insere-se nesta categoria.

iii) Medidas químicas, por exemplo, composição global, química elementar, molecular e mineralógica da superfície, etc. e

iv) Nucleação e medições condensacionais.

É importante compreender que nenhuma medição isolada pode fornecer informações suficientes para satisfazer a necessidade de compreender os efeitos dos aerossóis, devido às suas amplas gamas de dimensões e à complexidade das suas propriedades físicas e químicas. Além disso, os métodos existentes produzem frequentemente resultados que só podem ser interpretados através de suposições sobre as propriedades dos aerossóis que podem não ser completamente válidas. Por exemplo, muitos instrumentos de medição de partículas baseiam-se na resposta de dispersão da luz das partículas de aerossóis. No entanto, as propriedades de dispersão da luz das partículas dependem não só da sua dimensão mas também das suas propriedades de absorção que, na maioria dos casos, devem ser assumidas. Por exemplo, as partículas de carvão e as partículas de poeira com a mesma dimensão geométrica aparecerão ao instrumento de medição como partículas de dimensão muito diferente, porque as partículas de carvão são muito mais absorventes. Diermendjian (1980) faz uma análise exaustiva da instrumentação para aerossóis, na qual são discutidos os princípios de várias técnicas experimentais e a sua aplicabilidade aos aerossóis.

Os instrumentos de medição utilizados são tanto in situ como de deteção remota. As medições in situ têm a vantagem de efetuar medições diretas dos parâmetros dos aerossóis no local onde se encontram, em tempo real, mas têm a desvantagem de o próprio processo de medição poder alterar as caraterísticas das partículas e, além disso, é difícil alcançá-las a maior altitude. Estes problemas são evitados nas técnicas de teledeteção, que evitam qualquer contacto físico com as partículas. As técnicas de teledeteção utilizam medições da modificação (como a intensidade, a fase, etc.) da luz que interage com os aerossóis. Os dados medidos são depois invertidos para recuperar os parâmetros dos aerossóis que foram responsáveis pelas alterações medidas. A teledeteção pode ser classificada como uma técnica ativa ou passiva. No primeiro caso, é enviada uma radiação conhecida para interagir com os aerossóis e a radiação reflectida é recebida e analisada, por exemplo, o Lidar. As técnicas passivas de teledeteção utilizam a radiação direta de fontes naturais, como o sol, a lua, etc. (por exemplo, fotómetros) ou a reflectida pelo solo (por exemplo, medições por satélite). Os instrumentos Stratospheric Aerosol and Gas Experiment (SAGE I e II) e Stratospheric Aerosol Movement (SAM) foram concebidos para obter perfis verticais de extinção de aerossóis.

Entre as várias técnicas passivas de deteção remota, a fotometria solar constitui um meio simples e eficaz de estudar os aerossóis. A aquisição de dados do fotómetro solar e a recuperação da profundidade ótica do aerossol associada têm sido o ponto de partida de muitas investigações atmosféricas (Bruegge et al 1992). Neste caso, a profundidade ótica colunar é deduzida em comprimentos de onda específicos através da medição da intensidade da luz que atravessa a coluna atmosférica. Historicamente, o desenvolvimento e a utilização dos radiómetros solares ou fotómetros solares, como são conhecidos, remontam ao fotómetro solar de Volz, um aparelho simples que efectua medições numa única banda larga. Mais tarde, foram desenvolvidos fotómetros capazes de medir a luz transmitida em três comprimentos de onda Angstrom (1961). As informações obtidas com estes instrumentos foram utilizadas para inferir sobre o espetro de tamanho dos aerossóis (Angstrom 1961, 1964, Mani et al 1969). No entanto, no que respeita a inferências quantitativas sobre a distribuição do tamanho dos aerossóis e as alterações causadas por vários processos atmosféricos, devido à média dos comprimentos de onda dos filtros de banda larga utilizados nestes instrumentos. Assim, foram desenvolvidos radiómetros solares de comprimentos de onda múltiplos que fazem medições quase simultâneas da extinção solar em várias bandas estreitas de comprimentos de onda (Shaw et al 1973, Tomasi et al 1983, Krishnamoorthy et al 1989).

Tendo em conta os objectivos científicos mencionados no primeiro capítulo e as diferentes técnicas utilizadas para medir a turbidez atmosférica e a eficácia do radiómetro solar multi-comprimento de onda, o grupo de trabalho "Radiação" do IMAP concebeu e fabricou o MWR com base na fotometria de roda de filtro. Os radiómetros são concebidos e desenvolvidos no Laboratório de Física Espacial (SPL) do Centro Espacial Vikram Sarabhai (VSSC), Trivandrum, Índia. (Selvanayagam et al ,1985). O autor utilizou um destes radiómetros.

2.2 Instrumentação

Dado que o espetro de tamanhos dos aerossóis se estende por cinco estádios e que os efeitos dos aerossóis são uma forte função do seu tamanho, nenhuma técnica isolada pode fornecer informações completas sobre os aerossóis. Assim, são utilizadas várias técnicas para sondar os aerossóis atmosféricos, dependendo dos parâmetros de interesse (Diermendjian, 1980). No que respeita à interação aerossol-radiação, a gama de tamanhos dispersa e absorve (dependendo da sua composição química) a radiação solar descendente, com consequências no orçamento de radiação do sistema Terra-Atmosfera. Para avaliar o forçamento radiativo dos aerossóis, os parâmetros importantes são a profundidade ótica espetral colunar ($\tau_{p\chi}$), a função de distribuição do tamanho [n(r)] e o índice de refração complexo (m). São utilizados vários métodos activos e passivos de deteção remota para obter estas propriedades. De entre estes, os radiómetros solares (ou fotómetros solares, como são popularmente conhecidos) constituem uma técnica passiva simples e eficiente, particularmente adequada para medições a longo prazo, mesmo a partir de locais remotos e isolados. O instrumento efectua medições contínuas do fluxo solar diretamente transmitido a partir do solo, numa ou mais bandas estreitas de comprimento de onda, a partir das quais se pode estimar a profundidade ótica colunar da atmosfera. A profundidade ótica dos aerossóis pode ser deduzida a partir daí e, fazendo essas estimativas num certo número de comprimentos de onda, podem ser feitas interferências na distribuição do tamanho dos aerossóis. O instrumento, bastante simples de desenvolver e operar, utiliza o sol como fonte e pode ser reforçado para utilização no terreno . Historicamente, a origem da fotometria solar remonta a Volz (1959), que desenvolveu um fotómetro solar de um só comprimento de onda para medir a turbidez atmosférica. Posteriormente, o instrumento foi modificado para incorporar três comprimentos de onda com diferentes cortes no espetro visível e tem sido amplamente utilizado para estudos de aerossóis (por exemplo, Angstrom, 1961; Mani et al., 1969). No entanto, os filtros de banda larga utilizados nestes instrumentos e o número limitado de comprimentos de onda empregues eram insuficientes para as medições das propriedades dos aerossóis com resolução espetral (Krishna Moorthy et al., 1989). No início dos anos setenta, foram desenvolvidos radiómetros solares multi-comprimento de onda (Shaw et al., 1973), baseados no princípio da radiometria de roda de filtro, que permitia efetuar medições em várias bandas estreitas de comprimento de onda, selecionadas por meio de filtros de interferência. Estes radiómetros são agora amplamente utilizados a nível mundial para estudos sistemáticos sobre aerossóis.

O Radiómetro Solar de Comprimento de Onda Múltiplo (MWR) concebido pela SPL tem os seguintes princípios: estes radiómetros solares com filtro de roda de filtro são utilizados para efetuar medições contínuas da extinção espetral do fluxo solar transmitido diretamente para o solo em dez bandas espectrais estreitas. Nos anos oitenta (ou seja, durante o IMAP), os MWR eram semi-automáticos e os dados eram registados em impressoras térmicas, que eram depois introduzidas num computador para análise posterior. Estes sistemas estão a ser gradualmente substituídos por sistemas totalmente automáticos baseados em PC, que permitem uma fácil aquisição e arquivo dos dados, bem como uma análise rápida. Em ambos os casos, o MWR efectuou medições da extinção espetral em dez bandas de comprimento de onda, centradas em 380, 400, 450, 500, 600, 650, 750, 850, 935 e 1025 nm. Estes comprimentos de onda são selecionados utilizando filtros de interferência de banda estreita com uma largura de banda máxima de 6 a 10 nm. Para além da banda passante, os filtros estão bloqueados desde o UV distante até ao IV distante, com uma transmitância de bloqueio inferior a 10^{-4} da transmitância de pico. É selecionada uma estrutura de três cavidades para modelar a banda passante. Estes filtros para selecionar as bandas de comprimento de onda desejadas são montados sequencialmente num disco circular opaco com extremidades pretas, conhecido por roda de filtro (FW), com uma separação angular de $36°$. Durante o funcionamento, estes filtros são introduzidos sequencialmente no canal ótico rodando o FW de forma programada através de um conjunto de engrenagens com motor de passo. A radiação passa através de uma ótica limitadora de campo, que limita o campo de visão do MWR a 2° (reduzindo assim consideravelmente os erros nas estimativas da profundidade ótica causadas pela contribuição devida à radiação difusamente dispersa) e utilizando como amplificador fotodetector o UDT 455

UV como paragem de campo. A saída do detetor é diretamente proporcional ao fluxo solar incidente sobre ele. O FW e o canal ótico, incluindo o fotodetector, estão alojados numa caixa mecânica para os proteger do ambiente e de qualquer radiação indesejável. As superfícies interiores desta unidade ótica são enegrecidas de forma a evitar quaisquer reflexos das paredes.

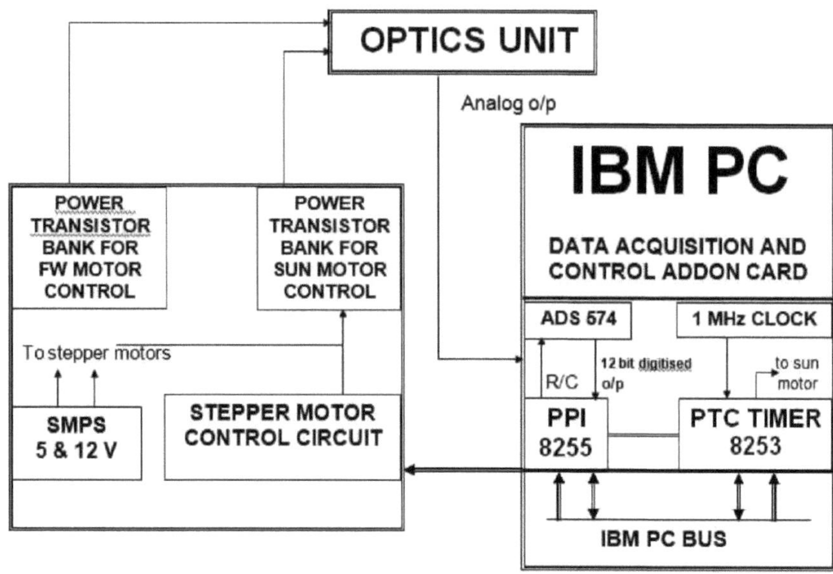

Fig. 2.1. Esquema do sistema de controlo programável e aquisição de dados baseado em PC

A unidade ótica é mantida numa montagem equatorial ajustável e é movida de 12 em 12 segundos em torno de um eixo ortogonal com uma velocidade angular igual à do Sol (0,05° em 12 s), a fim de manter o sistema sempre alinhado em direção ao Sol, uma vez definido inicialmente. O suporte dispõe igualmente de um dispositivo de regulação da declinação solar. A saída do fotodetector, que é analógica, é digitalizada usando um ADC de amostragem de 12 bits e calculada a média durante um período de 1s antes do registo. A esta saída são acrescentadas outras informações, como a hora da aquisição dos dados, a identificação do filtro e o ruído do sistema quando não há radiação externa incidente no sistema. Os dados são então automaticamente transferidos para a memória não volátil do computador pessoal, que funciona também como o coração do sistema de controlo. Todo o funcionamento do MWR e do sistema de aquisição de dados (sistema C e DA), com interface com o computador pessoal, é operado através de um software de menu de fácil utilização desenvolvido na SPL. O diagrama esquemático do sistema de controlo automático e de aquisição de dados é apresentado na Fig.2.1.

Este sistema de C e DA é desenvolvido internamente na SPL numa placa suplementar compatível com PC. Esta placa contém o contador temporizador programável (PTC), a interface periférica programável (PPI), bem como o conversor analógico-digital (ADC) de amostragem de 12 bits. A conceção da placa permite igualmente dispor de uma área de placa de ensaio suficiente para eventuais aumentos futuros. A unidade ótica é então ligada à unidade de controlo e ao PC, bem como aos circuitos de acionamento dos motores. A unidade ótica é mantida num pedestal em campo aberto, de modo a poder ter visibilidade solar desobstruída durante todo o ano, na maior parte do dia. A Fig.2.2 mostra uma fotografia do sistema MWR completo concebido e desenvolvido no SPL e instalado em Anantapur.

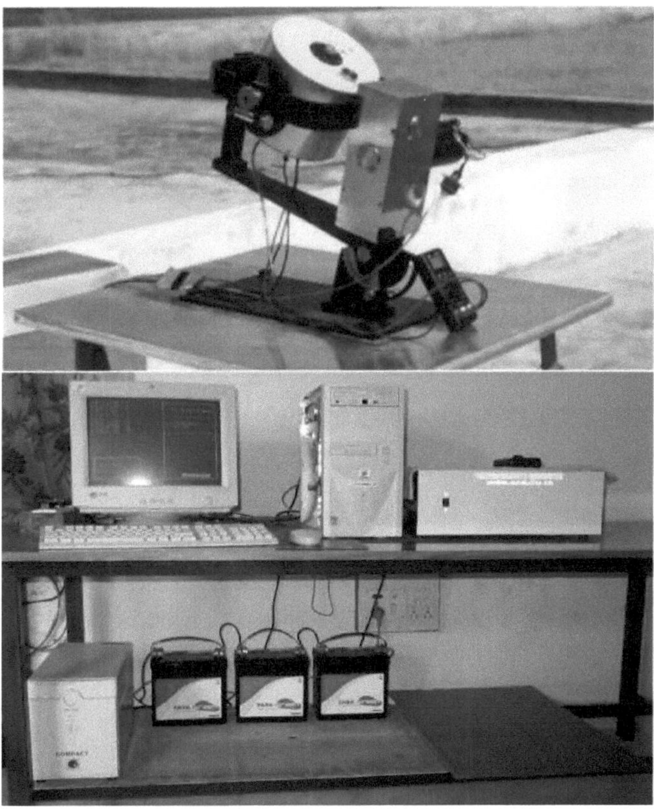

Fig. 2.2. Fotografia do sistema MWR completo com a unidade ótica, o PC e a unidade de controlo e aquisição de dados.

2.3 Análise dos dados

O MWR foi utilizado em dias aparentemente claros, quando não havia nuvens visíveis na vizinhança do disco solar. O período de recolha de dados é de janeiro a maio de 2001. Os dados são geralmente recolhidos entre as 6h30 da manhã e as 18h15 da tarde na maior parte dos dias, sendo o período mínimo de recolha de 3 horas. Cada conjunto de observações inclui o tempo em horas e minutos de IST e a tensão de saída V_λ em cada uma das 10 bandas de comprimento de onda (λ). O período de registo foi geralmente limitado a valores do ângulo zenital solar (χ) inferiores a 70°, de modo a que os efeitos da refração e da curvatura da Terra possam ser negligenciados.

Cada conjunto de medições é repetido com um intervalo médio de 15 minutos, sendo o espaçamento mais curto durante os períodos da manhã e da tarde, quando a variação de sec χ com o tempo é mais rápida. A análise dos dados do radiómetro solar para calcular as profundidades ópticas envolve a medição espetral do fluxo solar que atinge o solo, F_λ, em função do ângulo zenital solar, e a evolução de um ajuste linear de mínimos quadrados à lei de Lambert-Bouguer-Beer que liga F_λ ao fluxo extraterrestre $F_{0\lambda}$. Este método, designado por técnica de Langley, tem sido amplamente descrito na literatura (Shaw et al., 1973; Pitts et al., 1977; Tomasi et al., 1983; Krishna Moorthy et al., 1988; 1989; 1993). No entanto, por uma questão de continuidade e exaustividade, apresentam-se aqui os principais passos seguidos. Como o MWR fornece uma tensão de saída V_λ que é diretamente proporcional ao fluxo solar incidente F_λ num comprimento de onda λ, para um ângulo zenital solar $\chi \leq 70°$, a lei de Lambert-Bouguer-Beer pode ser escrita como

$$\ln V_\lambda = \ln C_\lambda + \ln F_{0\lambda} + 2 \ln (r_0/r) - \tau_\lambda \sec\chi \qquad (1)$$

em que C_λ Constante do sistema em λ

r Valor instantâneo da distância sol-terra

r_0 Distância média sol-terra

τ_λ Profundidade ótica colunar integrada da atmosfera.

Aqui, o termo da massa de ar atmosférica é aproximado a secχ. A Eq. (1) representa uma relação linear entre sec χ e ln (v_λ). O declive da reta de melhor ajuste produzirá τ_λ e a interceção Y extrapolada para a condição de massa nula (sec χ = 0) produzirá o valor do fluxo solar medido pelo sistema no topo da atmosfera. Definimos

$$\ln V_{0\lambda} = \ln C_\lambda + \ln F_{0\lambda} \qquad (2)$$

como a interceção de massa atmosférica zero corrigida para as variações na distância Sol-Terra. Como as variações quotidianas em $F_{0\lambda}$ podem ser completamente negligenciadas, todas as variações nos parâmetros do sistema e as variações resultantes da inadequação do ajuste à Eq.(1), devido a fortes variações temporais de curto prazo em τ_λ e a influências de nuvens não identificáveis ou devido ao desalinhamento do sistema, etc., resultando em variações em c_λ, refletir-se-ão facilmente em ln ($v_{0\lambda}$). Assim, a constância ou a extensão das variações ln ($v_{0\lambda}$) pode ser efetivamente utilizada para verificar a estabilidade do sistema e, por conseguinte, para avaliar a qualidade e a fiabilidade dos dados recolhidos. O termo secχ, relevante para cada observação, foi calculado a partir da informação horária correspondente, convertendo-a para a hora média local e utilizando a equação da hora e o ângulo de declinação solar (δ) para o dia do almanaque (2001), utilizando a equação

$$\sec\chi = [\sin\delta \sin\phi + \cos\delta \cos\phi \cos H]^{-1} \qquad (3)$$

em que φ é a latitude de Anantapur e H é o ângulo horário.

Após o cálculo de ln(v_λ) e da secχ correspondente para todos os dados, são efectuados gráficos de Langley. Através dos pontos experimentais é traçada uma reta de regressão linear ajustada, que é extrapolada até encontrar a ordenada correspondente ao valor zero na abcissa. Esta interceção é então corrigida para a distância sol-terra desse dia para obter ln($v_{0\lambda}$). O declive da reta resulta em τ_λ. São também estimados outros parâmetros estatísticos, como a variância de τ_λ e o coeficiente de correlação p_λ. Quaisquer pontos espúrios resultantes do não alinhamento da ótica, de uma súbita e breve cobertura de nuvens, etc., e também pontos que representem fortes variações temporais de curto prazo em τ_λ durante as observações, produzirão pesos indesejáveis no τ_λ médio do dia. Estes pontos são eliminados atribuindo um coeficiente de correlação de 99,5% aos dados, utilizando as estatísticas "t" de Student pertinentes, e τ_χ, ρ_χ e $\ln(V_{0\lambda})$ são reestimados. A Fig.2.3 mostra um gráfico de Langley típico obtido. Os pontos experimentais são assinalados e a reta de regressão ajustada é traçada através deles. A interceção também é mostrada. Acima de cada gráfico são também indicados o comprimento de onda, o declive e o coeficiente de correlação.

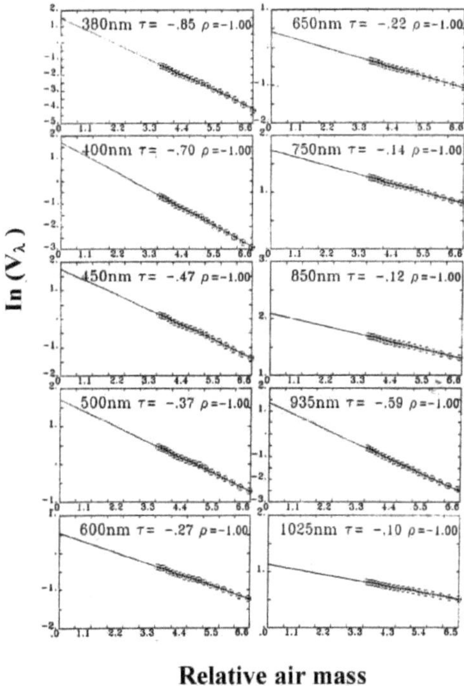

Fig. 2.3. Gráficos típicos de Langley para um dia. O comprimento de onda do filtro e os coeficientes de correlação estão indicados em cada painel.

A profundidade ótica total colunar da atmosfera (τ_λ), estimada segundo a técnica de Langley, é a soma das contribuições devidas à dispersão molecular (Rayleigh) $\tau_{R\lambda}$, à dispersão e absorção de aerossóis (Mie) [$\tau_{p(\lambda)}$] e à absorção devida ao O_3 [$\tau_{O3\lambda}$] e ao vapor de água [$\tau_{W\lambda}$], de modo que

$$\tau_\lambda = \tau_{R\lambda} + \tau_{p\lambda} + \tau_{O3\lambda} + \tau_{W\lambda} \quad (4)$$

A partir da Eq.(4), a profundidade ótica do aerossol pode ser deduzida como

$$\tau_{p\lambda} = \tau_\lambda - \tau_{R\lambda} - \tau_{O3\lambda} - \tau_{W\lambda} \quad (5)$$

Cada termo em R.H.S. da Eq.(5) é uma função separada de λ. Os pormenores da estimativa de $\tau_{R\lambda}$, $\tau_{O3\lambda}$ e $\tau_{W\lambda}$ são apresentados na literatura (Krishna Moorthy et al., 1988). No entanto, os pontos principais são brevemente resumidos como se segue:

A profundidade ótica devida à dispersão molecular no comprimento de onda MWR é calculada utilizando a expressão analítica

$$\tau_{m\lambda} = \frac{24\pi^2}{N_0^2\lambda^2}\left(\frac{n_0^2-1}{n_0^2+2}\right)^2 K_\lambda \int_0^{h_m} n(h)dh \quad (6)$$

onde, N0 é a densidade do número molecular ao nível do mar, n0 o índice de refração do ar a STP, K_λ o fator de correção da despolarização de Rayleigh no desenvolvimento do comprimento de onda (Bates, 1984) e n(h)dh o perfil de altitude da atmosfera neutra de 0 a 80 km. O limite superior hm para a integração na Eq.(6) é tomado como 80 km, e n0 é avaliado usando a expressão dada por Kniezys et al. (1980). O valor de $\tau_{m\lambda}$ obtido através da Eq.(6) corresponderá a $\tau_{R\lambda}$ para as estações ao nível do mar. Para outras estações, $\tau_{R\lambda} = \tau_{m\lambda}$ (P/P0), onde P0 (=1013.15 mbar) é a pressão à superfície ao nível do mar e P a pressão média à superfície na estação. As variações sazonais de $\tau_{R\lambda}$ são inferiores a 1% e não são consideradas.

Para o ozono, a secção transversal de absorção dependente do comprimento de onda $\sigma_{o3}(\lambda)$ para as bandas de Chappius (Kniezys et al., 1980) é utilizada para os comprimentos de onda MWR de 500-650 nm. Então

$$\tau_{O_3\lambda} = \sigma_{O_3}(\lambda)\int_0^{h_1} N_{O_3}(h)dh \quad (7)$$

em que N_{O3}(h)dh é o perfil de altitude da densidade numérica de O3 para a região de altitude 0 a h1 (=60 km). A variação sazonal máxima do O3 total é de ~10% da média (Kundu, 1982). No entanto, a sua contribuição para τ_{O3} é geralmente muito menor do que a de outras profundidades ópticas. Os valores de $\tau_{W\lambda}$ foram avaliados utilizando profundidades ópticas a 935 nm e a 850 e 1025 nm, de acordo com as funções de transmissão empíricas e o coeficiente de absorção em massa dependente do comprimento de onda indicados por Leckner (1978). O seu valor depende fortemente do teor de vapor de água atmosférico e apresenta uma grande variabilidade.

Em geral, situa-se entre 0,0001 e 0,008 a 750, 850 e 1025 nm, enquanto a 935 nm o seu valor varia entre 0,2 e 1,4, dependendo do teor de vapor de água. Em geral, os dados recolhidos ao longo de um dia (com uma duração mínima de 3 horas) são tratados como um único conjunto e obtém-se um único conjunto de valores de $\tau_{p\lambda}$ para esse período. Um gráfico típico desenhado para os valores de $\tau_{p\lambda}$ em todos os comprimentos de onda é apresentado na Fig.2.4. Mais frequentemente na estação de Anantapur, os gráficos de Langley revelaram a presença de dois declives, um para a parte da manhã e outro para a parte da tarde do dia. Os dados são considerados como dois conjuntos separados, um para a parte FN e outro para a parte AN e são deduzidos dois valores τ separados. Normalmente, o número de dias de dados situa-se entre 20 e 5 por mês, dependendo das condições do céu. No entanto, devido às diferenças FN-AN, o número dc conjuntos de dados por mês chega por vezes a 40. O período de junho a outubro de cada ano é considerado como um período de escassez de dados devido às condições de monção prevalecentes, particularmente nas regiões peninsulares.

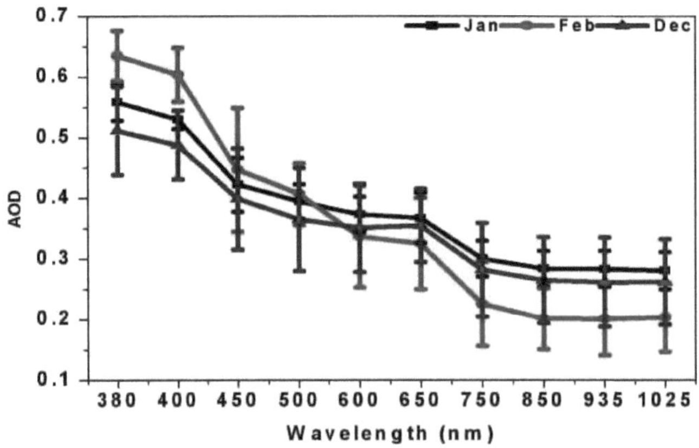

Fig. 2.4. Foi desenhado um gráfico típico para os valores de AOD em todos os

comprimentos de onda.

2.4 Medição de parâmetros meteorológicos

As condições meteorológicas diárias durante o período de estudo foram registadas utilizando a estação meteorológica no local de observação. A velocidade do vento (U, m s^{-1}), a direção do vento (θ°), a humidade relativa (RH%) e a temperatura do ar (AT, °C) foram medidas a intervalos de 15 minutos. Para medir a velocidade do vento, foi utilizado um anemómetro de copo opto-eletrónico de resposta rápida e baixo limiar. Quando rodado pelo vento, um chopper no eixo do anemómetro interrompe um feixe de luz infravermelha 22 vezes por rotação, gerando impulsos de um fototransistor. O sinal é amplificado e alimentado através de um controlador de linha, que pode conduzir 500 metros de cabo. A frequência é proporcional à velocidade do vento. Para a medição da direção do vento, foi utilizado um cata-vento de baixo limiar, contrabalançado. Um potenciómetro linear sem fim, enrolado em fio, é acoplado ao cata-vento por um eixo SS. Quando o cata-vento gira, roda um veio de aço inoxidável, que está acoplado ao potenciómetro. Este potenciómetro tem uma excelente linearidade e um binário muito baixo. A utilização de um único limpador aumenta a esperança de vida do potenciómetro. O norte do cata-vento está marcado no seu corpo. Esta linha deve ser alinhada com o norte magnético da terra com a ajuda de uma bússola prismática, no momento da instalação. O sensor apresenta uma resistência mínima no Norte (ou seja, o grau aproximadamente 20 ohms). A posição do cata-vento é proporcional à resistência. O sensor de humidade é um elemento condensador de película fina. Um polímero dielétrico absorve as moléculas de água do ar através de um elétrodo metálico fino, o que provoca uma alteração da capacitância proporcional à humidade. A resposta é essencialmente linear.

É fornecido um filtro sinterizado para proteger o elemento sensor da sujidade, dos poluentes atmosféricos e da condensação da água. Em cada sonda está integrado um circuito eletrónico de estado sólido para produzir um sinal de saída de 0 a 1000 mv correspondente ao valor da humidade relativa de 0 a 100 %. O sinal de saída é de terminação. O sensor utilizado para a medição da temperatura do ar é um RTD de platina normalizado (PT 1000). Aqui a resistência do elemento varia com a temperatura (aumenta com a temperatura), aproximadamente 3,9 ohm / grau Celsius. Foi instalada no local de observação uma estação meteorológica automática com os sensores acima referidos para estudar as variações dos valores da profundidade ótica dos aerossóis com a velocidade e a direção do vento.

3. Resultados e discussão

Foram efectuadas medições exaustivas da extinção espetral solar em Anantapur (14,62°N, 77,65°E; 331 mts a.m.s.l.), a partir de janeiro de 2001, utilizando um radiómetro solar de comprimento de onda múltiplo (MWR) de dez canais nos comprimentos de onda 380, 400, 450, 500, 600, 700, 750, 850, 935 e 1025 nm. O MWR efectua medições espectrais do fluxo solar que atinge o solo em função do ângulo zenital solar (χ) durante os períodos de céu limpo e, a partir das medições, a profundidade ótica do aerossol (τ_p) é estimada utilizando o método de Langley. Durante a análise dos dados MWR em Anantapur, os gráficos de Langley mostraram ocasionalmente dois declives, um durante a manhã (FN) e um declive diferente durante a tarde (AN), indicando diferentes profundidades ópticas. Assim, os dados são analisados separadamente, considerando os dados do período da manhã e da tarde como dois conjuntos independentes. Um total de 143 conjuntos de valores de $\tau_{p\chi}$ assim obtidos formaram a base de dados para a presente discussão. A distribuição mensal desta base de dados é apresentada no Quadro 1. Nos meses de março, abril e maio de 2001, o número de conjuntos de dados é muito inferior ao dos outros dois meses. Este facto deve-se às condições de céu nublado que prevalecem durante estes meses.

Quadro 1: Base de dados do MWR em Anantapur no ano 2001

Mês	**Número de conjuntos de dados**	**Precipitação total (mm)**
janeiro	37	0
fevereiro	40	0
março	28	4.5
abril	14	35.5
maio	24	7.5

Capítulo 3. Resultados e discussão

3.1 Variações temporais da profundidade ótica dos aerossóis

A Fig. 3.1(a) - 3.5(b) mostra uma variação diária das profundidades ópticas dos aerossóis em todos os dez comprimentos de onda durante o período de janeiro a maio de 2001. As observações durante o período de estudo mostraram oscilações quase periódicas significativas nos valores da profundidade ótica do aerossol com períodos de 2-10 dias. As mesmas caraterísticas foram também observadas com os valores anteriores de AOD.

As variações mês a mês das profundidades ópticas dos aerossóis são apresentadas na Fig. 3.6 (nos dez comprimentos de onda), em que os pontos sólidos representam o valor médio de τ_p para cada mês. As barras verticais através dos pontos são os erros padrão (iguais a $1/\sqrt{N}$ vezes os desvios padrão do conjunto, sendo N o número de valores individuais de τp no conjunto. A curto prazo, as variações temporais da profundidade ótica dos aerossóis são bastante significativas. No entanto, essas variações são semelhantes em todos os comprimentos de onda. Como tal, para fazer inferências significativas sobre as variações temporais, devem ser utilizadas escalas de tempo bastante longas. Assim, as profundidades ópticas dos aerossóis em cada um dos comprimentos de onda foram agrupadas em termos de meses civis e calculadas como média para obter o valor médio mensal de τp. Uma vez que o número de dias de dados disponíveis num mês é limitado pelas condições do céu, estes valores médios podem ser considerados como valores representativos no verdadeiro sentido. A Fig. 3.6 mostra que os valores baixos da profundidade ótica dos aerossóis ocorrem durante os meses de janeiro-fevereiro nos comprimentos de onda mais longos ($\lambda \geq 750$ nm). Nos comprimentos de onda mais curtos, os valores de τp são elevados durante os meses de março-abril. Em geral, as variações de τp dentro de um mês são mais elevadas durante os meses de março a maio, sendo bastante pequenas durante os meses de janeiro a fevereiro, como indicado pelo comprimento das barras de erro. Os valores de AOD são observados na gama de 0,2 a 0,6 nos comprimentos de onda mais baixos e na gama de

0,1 a 0,4 nos comprimentos de onda mais altos, que são típicos da zona semi-árida. Isto indica a predominância de partículas de tamanho mais pequeno.

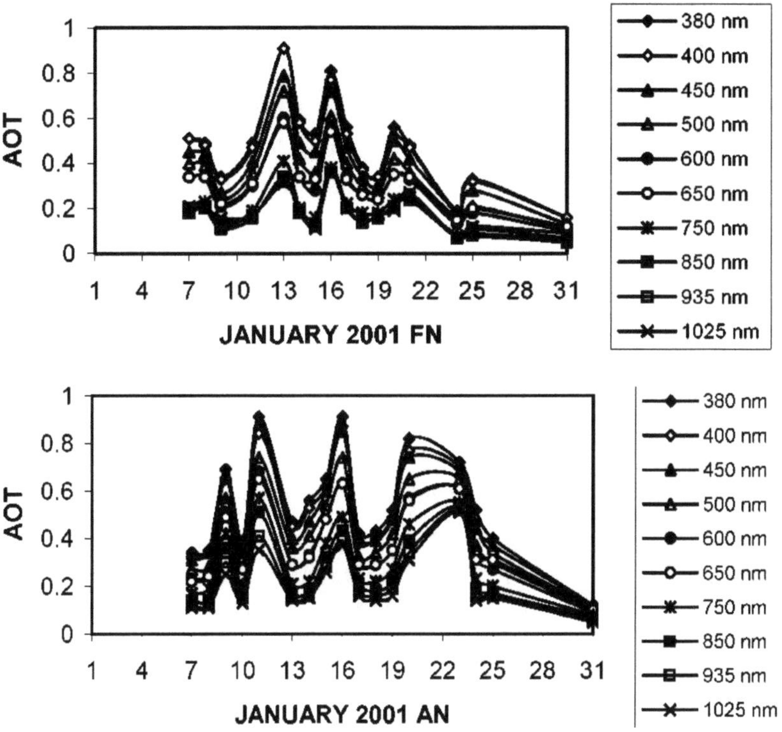

Fig.3.1. Variações diárias da profundidade ótica do aerossol em todos os dez comprimentos de onda durante janeiro de 2001 FN e AN em Anantapur.

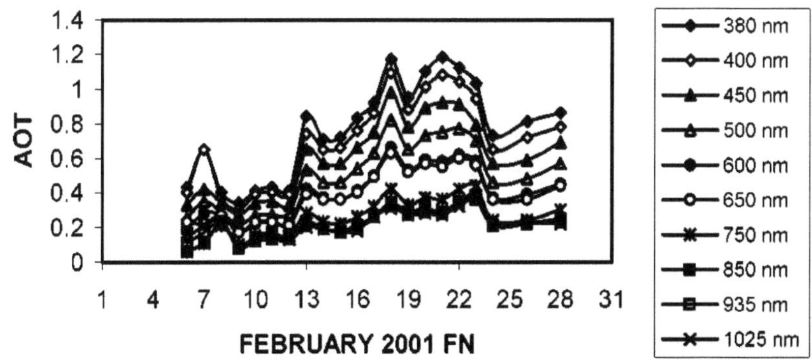

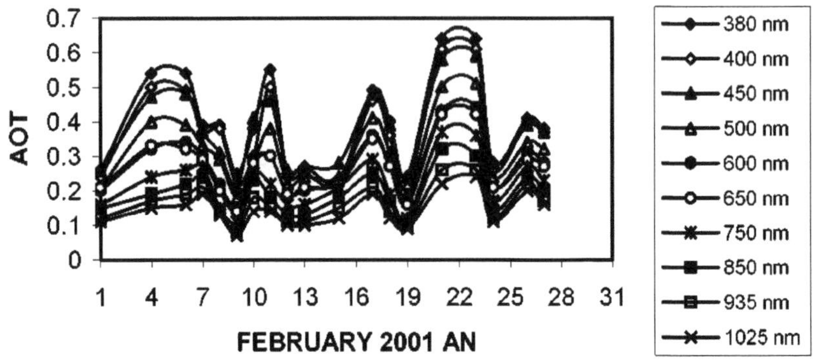

Fig.3.2. Variações diárias da profundidade ótica do aerossol em todos os dez comprimentos de onda durante fevereiro de 2001 FN e AN em Anantapur.

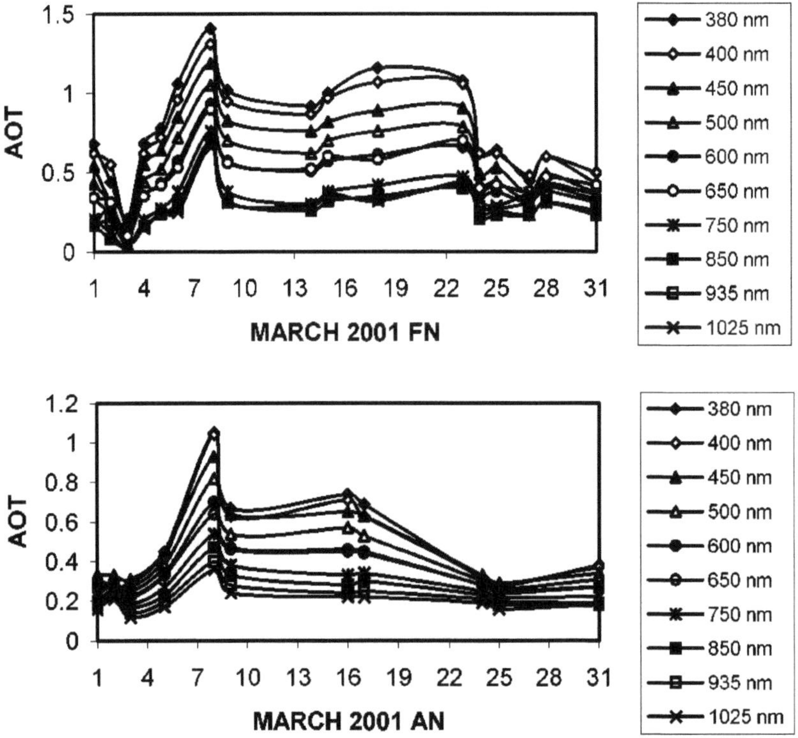

Fig.3.3. Variações diárias da profundidade ótica do aerossol em todos os dez comprimentos de onda durante março de 2001 FN e AN em Anantapur.

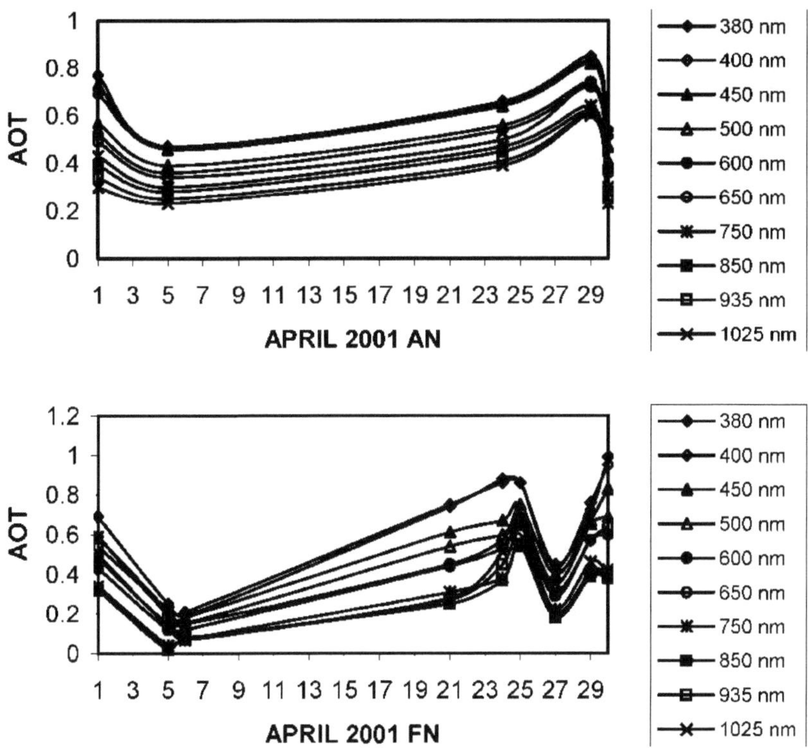

Fig.3.4. Variações diárias da profundidade ótica do aerossol em todos os dez comprimentos de onda durante abril de 2001 FN e AN em Anantapur.

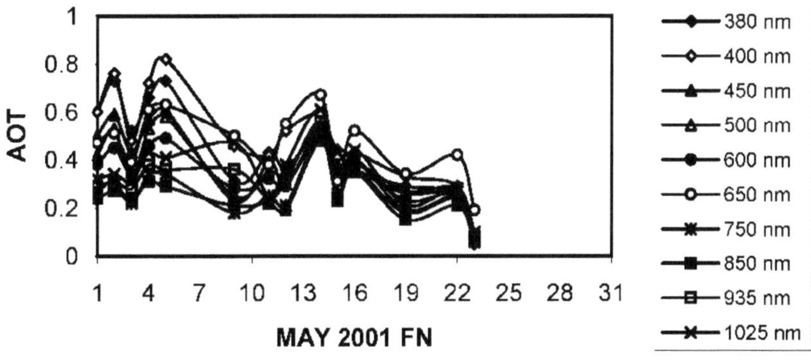

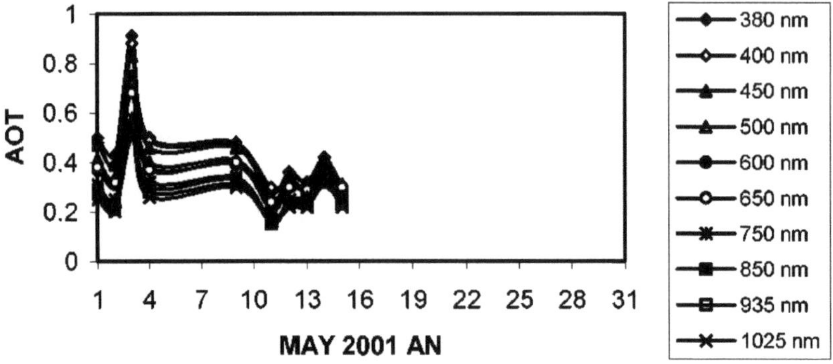

Fig.3.5. Variações diárias da profundidade ótica do aerossol em todos os dez comprimentos de onda durante maio de 2001 FN e AN em Anantapur.

A abundância de partículas mais finas na atmosfera de Anantapur indica que a atmosfera está mais carregada de poluentes produzidos pela atividade antropogénica, como a trituração de pedra, o fabrico de tijolos e a atividade mineira em torno do local de observação. Os valores mais elevados de AOD (0,4-0,6) são observados nos meses de março e maio, em diferentes comprimentos de onda, durante o período de estudo. Os valores de τ_p estão a diminuir de março a maio na gama de comprimentos de onda de 380 nm a 500 nm. Na gama de comprimentos de onda de 600 nm - 1025 nm, os valores de τp aumentam de março a abril e diminuem de abril a maio.

3.2 Variações espectrais da profundidade ótica dos aerossóis

A variação espetral de τp é importante porque é indicativa das mudanças nas caraterísticas do tamanho do aerossol. Na Fig.3.7, a variação da profundidade ótica média mensal do aerossol é mostrada como uma função do comprimento de onda (λ). De facto, estes dados são os mesmos que na Fig. 3.6, mas são apresentados desta forma para realçar claramente a dependência do comprimento de onda de τp. Em geral, a dependência espetral de τp permanece quase semelhante para todos os meses, isto é, de janeiro a maio. τp mostra uma diminuição geral à medida que λ aumenta. Verifica-se também um aumento de τp em março-maio, seguido de uma diminuição acentuada. Dado que a teoria de Mie para a dispersão mostra que a extinção máxima a um dado λ é causada por aerossóis com um tamanho na gama λ/2 ou λ, a caraterística acima é indicativa de um aumento na concentração relativa de partículas maiores durante os meses de verão.

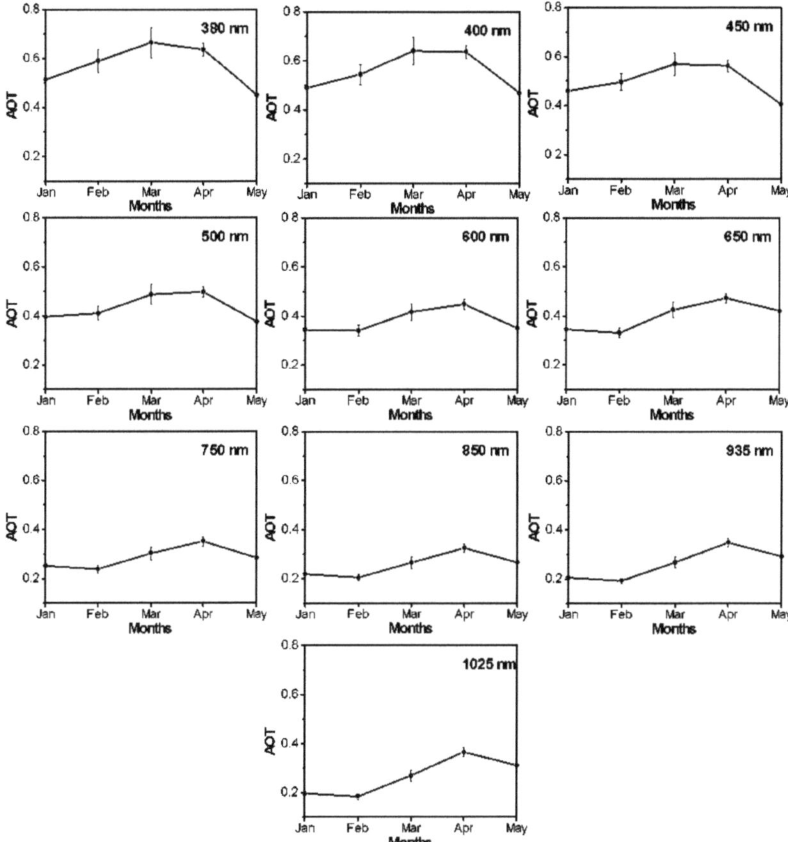

Fig.3.6: Variações mês a mês em Anantapur da profundidade ótica média do aerossol em dez comprimentos de onda. As barras verticais através dos pontos são os erros padrão.

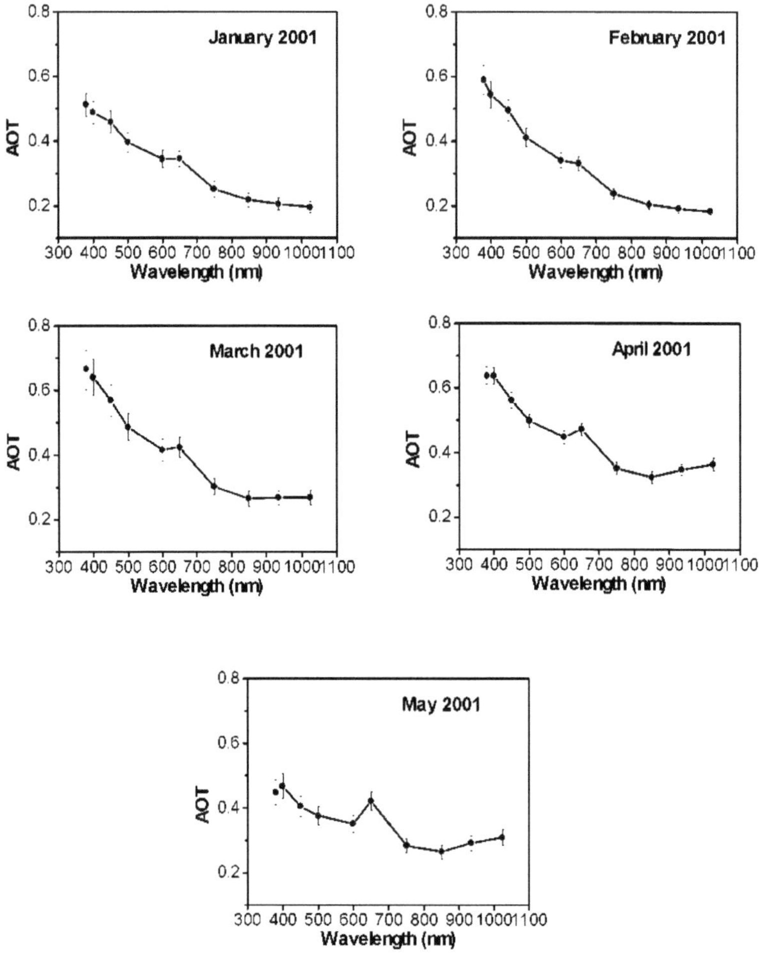

Fig. 3.7: Variação espetral da profundidade ótica do aerossol em Anantapur mostrando mudanças distintas de mês para mês.

3.3 Variação da assimetria FN/AN na profundidade ótica do aerossol e no vapor de água

As caraterísticas espectrais dos dados τ_p em Anantapur para a assimetria entre a manhã e a tarde são mostradas na Fig.3.8. Embora essa assimetria seja frequentemente observada noutras estações, é mais ou menos uma caraterística regular em Anantapur. Utilizando os dados diários de τp , separadamente para FN e AN (τpf, τpa), calcula-se a variação fraccionada (τ_{pf} -τ_{pa}) / τ_{pf} para cada dia. Verifica-se que estas alterações fraccionais são semelhantes para todos os comprimentos de onda. Esta assimetria pode ser positiva ou negativa dependendo de τ_{pf}> ou < τ_{pa}.

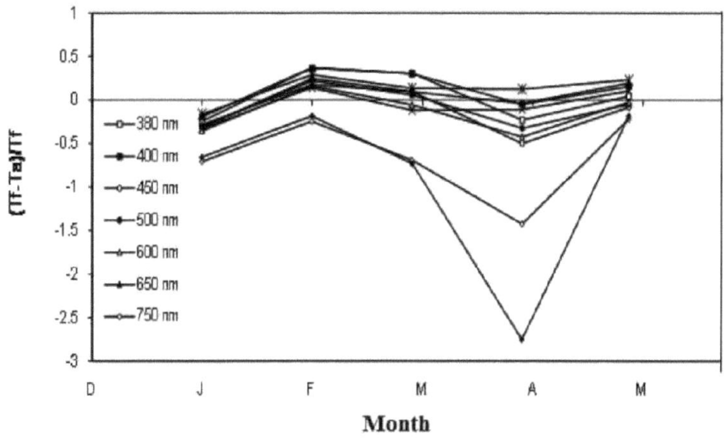

Fig. 3.8. Variações mês a mês da assimetria FN/AN na profundidade ótica do aerossol em dez comprimentos de onda

A assimetria também é observada no teor de vapor de água precipitável "W" determinado experimentalmente e a assimetria FN/AN em W é calculada como (w_f-w_a)/w_f. As variações mês a mês da assimetria FN/AN em AOD nos comprimentos de onda individuais e a assimetria em W são mostradas na Fig.3.9. Verifica-se que existe uma correspondência quase unívoca entre a assimetria em τ_p e W, o que indica as alterações no vapor de água/RH na atmosfera e é um dos factores que controlam as caraterísticas dos aerossóis continentais/internos.

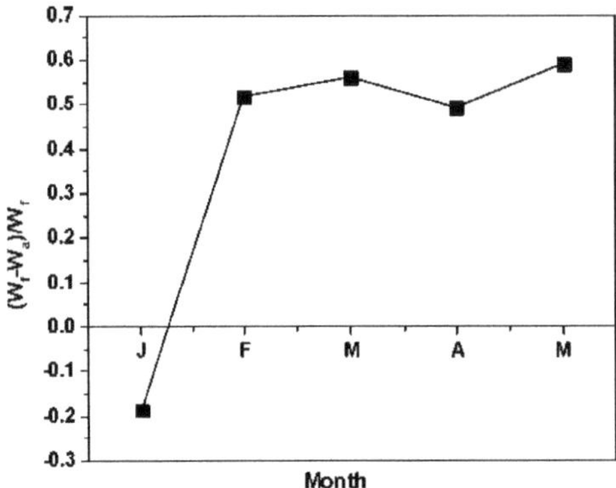

Fig. 3.9. Variações mês a mês na assimetria FN/AN do vapor de água

3.4 Dependência da profundidade ótica dos aerossóis com a velocidade do vento

O efeito da velocidade do vento nas profundidades ópticas dos aerossóis foi destacado na Fig.3.10. Os valores de τ_p correspondentes às velocidades do vento no intervalo 0-1 ms^{-1} constituem um conjunto e os que se situam no intervalo 1-2 ms^{-1} formam o conjunto seguinte. Desta forma [9], todos os valores de τp são agrupados para diferentes velocidades do vento numa determinada gama. A média dos dados de τp para cada grupo é calculada e obtém-se um τp médio para a velocidade média do vento de cada grupo. Estes valores de τp são representados numa escala log-linear, com o logaritmo da média de τp contra a velocidade média do vento do conjunto (U*) para todos os comprimentos de onda. Obteve-se uma relação linear bastante boa entre ln(τp) e (U*). Uma análise de regressão linear deu valores para os coeficientes de correlação (p) e o nível de fundo quiescente independente do vento da profundidade ótica do aerossol (τ_0). Os valores de τ_0 e p para cada um dos dez comprimentos de onda são apresentados no quadro 2. Para os comprimentos de onda de 380 nm a 600 nm, a dependência dos valores de τp em relação a U* é negativa, ou seja, com o aumento dos valores de U*, os valores de τp estão a diminuir. No caso dos comprimentos de onda de 650 nm a 1025 nm, a dependência é positiva, ou seja, os valores de τp aumentam com o aumento dos valores de U*.

Quadro 2: Nível de fundo quiescente independente do vento da profundidade ótica do aerossol (τ_0) e coeficientes de regressão (p)

Comprimento de onda (nm)	**380**	**400**	**450**	**500**	**600**	**650**	**750**	**850**	**935**	**1025**
τ_0	-0.27	-0.20	-0.19	-0.12	-0.05	0.02	0.03	0.05	0.08	0.1
p	0.95	0.93	0.90	0.91	0.69	0.12	0.72	0.85	0.68	0.62

É necessária uma grande base de dados para estudar as variações temporais a curto e longo prazo e as variabilidades espaciais das caraterísticas do aerossol em Anantapur. A linha reta corresponde ao ajuste dos mínimos quadrados.

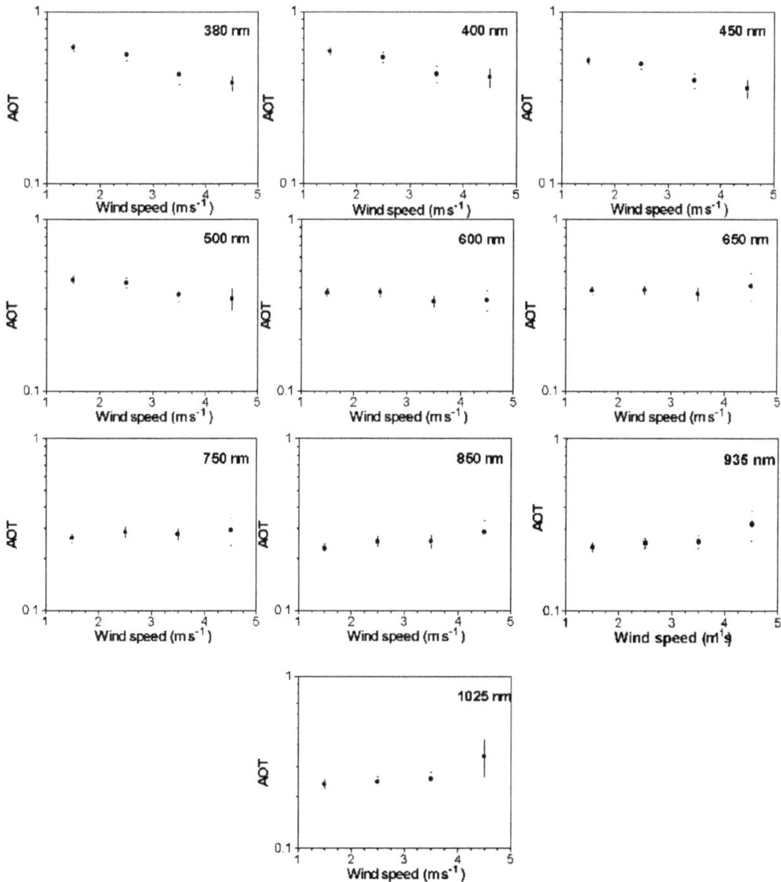

Fig. 3.10: Variação da profundidade ótica do aerossol (em escala logarítmica) com a velocidade média do vento (em escala linear) em dez comprimentos de onda diferentes.

3.5 Parâmetros de turbidez Angstrom

A turbidez atmosférica é uma medida da carga total de partículas integrada verticalmente na atmosfera e é um fator importante que influencia a energia da radiação solar na atmosfera terrestre. A turvação é um índice útil da poluição atmosférica, nomeadamente nos estudos das alterações a longo prazo da composição da atmosfera e das alterações climáticas globais daí resultantes. Apesar da sua importância, não parece existir uma definição universalmente adoptada de turbidez ou uma técnica única para a sua medição. Atualmente, são utilizados dois parâmetros para a turbidez, nomeadamente o coeficiente de turbidez de Angstrom β e o coeficiente de turbidez de Schuepp B. Estes parâmetros são medidos com o pirheliómetro de Angstrom e o fotómetro solar de Volz. Os resultados das medições da turvação (β e B) utilizando fotómetros solares de uma rede de estações revelaram-se úteis para compreender os factores climáticos e meteorológicos e as suas variações ao longo dos anos. O parâmetro β está relacionado com a profundidade ótica do aerossol (ou coeficiente de extinção), $\tau_{p\lambda}$, no comprimento de onda λ (em μm) pela relação $\tau_{p\lambda}= \beta \lambda^{-\alpha}$ O expoente do comprimento de onda α está relacionado com a distribuição do tamanho do aerossol, e β representa a quantidade de aerossol presente na direção vertical. Os valores de β variam de 0 a 0,5 ou até mais. Valores elevados de α indicam um rácio relativamente elevado de partículas pequenas e grandes. Utilizando os valores de DBO, os coeficientes de turbidez foram derivados através da linearização da equação de Angstrom ($\tau_{p\lambda}= \beta \lambda^{-\alpha}$) para o período de estudo. Para determinar os coeficientes de Angstrom, traça-se um gráfico de log $\tau_{p\lambda}$ Vs logλ. O declive do gráfico em linha reta dá o coeficiente α e a interceção é igual a ln β a 1μm de comprimento de onda. Assim, ambos os coeficientes são determinados simultaneamente. A relação de Angstrom é empírica. Assim, os dados representados podem apresentar alguma dispersão. Para os dados actuais, obtivemos valores de coeficiente de correlação entre 0,80-0,99. Com um coeficiente de correlação elevado, os valores α e β derivados não terão grandes desvios. Embora fosse vantajoso efetuar observações num maior número de comprimentos de onda, os dez comprimentos de onda utilizados no presente estudo são mais do que suficientes para definir a forma linear da relação de Angstrom.

Para estudar as variações mensais de α, os valores médios mensais são representados na Fig.3.11. Em geral, os valores de α podem situar-se entre 4 e 0 ou menos (ou seja, valores negativos). Quando o tamanho das partículas de aerossol é pequeno, da ordem das moléculas de ar, α deve aproximar-se de 4, e deve aproximar-se de 0 (ou tornar-se negativo) para partículas de tamanho grande. No presente estudo, os valores de α variam entre 0,50 e 1,25. α é positivo durante o período de estudo, indicando um rácio relativamente elevado de partículas pequenas e grandes e também um teor mais elevado de aerossóis antropogénicos.

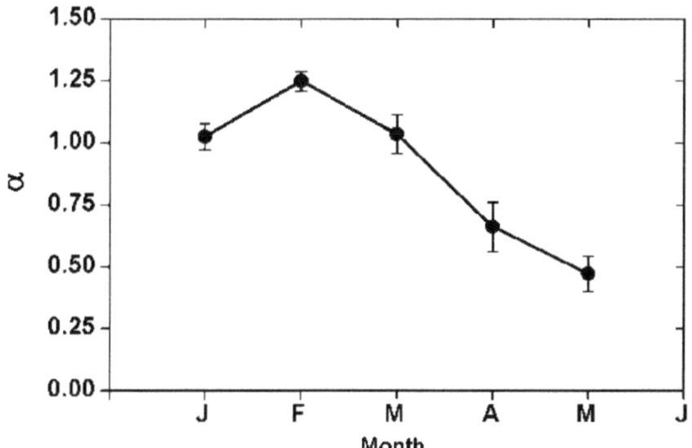

Fig.3.11. Variação mensal do expoente de comprimento de onda de Angstrom (α) durante janeiro - maio de 2001 em Anantapur.

As variações mensais de β são apresentadas na Fig.3.12, onde os pontos sólidos representam o valor médio de β para cada mês. As barras verticais que atravessam os pontos são os erros padrão. O valor médio do coeficiente de turbidez de Angstrom (β) variou entre 0,1 e 0,3 durante o período de estudo no local de observação. O coeficiente de correlação obtido no presente estudo situa-se entre 0,80 e 0,99.

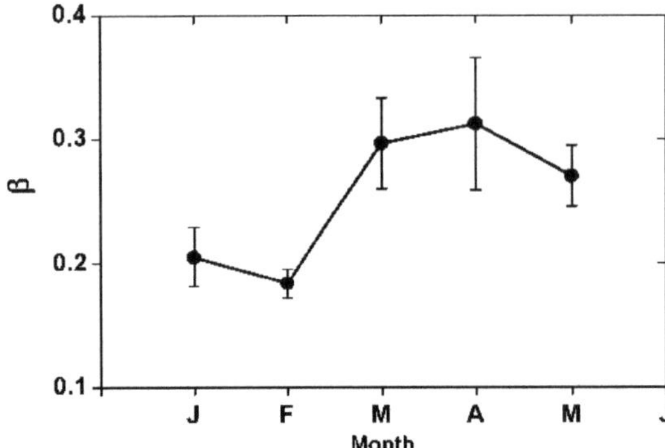

Fig.3.12. Variação mensal do coeficiente de turbidez de Angstrom (β) durante janeiro - maio de 2001 em Anantapur.

Referências

Angstrom A, 1961, Techniques of determining the turbidity of the atmosphere, Tellus 13, 214.

Angstrom A, 1964, The parameters of atmospheric turbidity, Tellus 16, 64.

Bashurova, V. S., et al, 1992, Measurements of atmospheric condensation nuclei size distributions in Siberia. J. Aerosol Sci. 23, 191-199.

Bates, D.R., 1984, Planet & Space Sci.(GB), 32, 785.

Charlson, R. J., S. E. Schwartz, J. M. Hales, R.D. Cess, J. A. Coakley, J. E. Hansen, e D. J. Hoffman, 1992, Climate forcing by anthropogenic aerosols, Science, 255, 423-430.

Deepak, A., e Gali, G, 1991, The International Global Aerosol Program (IGAP) Plan. Deepak Publishing. Hampton. VA. distribuições e propriedades ópticas encontradas na camada limite marinha sobre o oceano Atlântico, J Geophys Res 95, 3659.

Diermendjian, D., 1980, Rev. Geophys, 18, 341.

Hanel G, 1976, The properties of atmospheric aerosol particles as functions of the relative humidity at thermodynamic equilibrium with the surrounding moist, air, Adv. Geophys 19, 73.

Hobbs, P. V., Bowdle, D.A., e Radke, L. F, 1985, Particles in the lower troposphere over the high plains of United States. 1. Size distributions, elemental compositions, and morphologies, J. Climate Appl. Meteorol, 24, 1344-1356.

Hoppel W A, e G M. Frick, 1990, Submicron aerosol size distribution measured over ocean around peninsular India in the southwest monsoon season, J. Aerosol Sci., 26, 645-659.

Jaenicke R, 1993, Tropospheric aerosols I aerosols cloud-climate interactions, Academic Press.

Junge, C.E., 1963: Air chemistry and Radio activity, Academic Press, New York.

Kneizys, F.X., E.P. Shettle, W.D. Galley, J.H. Chetwynd, L.W. Abreu, J.E.A. Selby, R.W. Fenn e R.A. McClatchey, 1980: AFGL - TR - 80 - 0067, Air Force Geophysical Laboratory, Massachusetts, EUA.

Koutsenogii, P. K., e Jaenicke. R, 1994, Number concentration and size distribution and size distribution of atmospheric aerosol in Siberia, J. Aerosol Sci., 25, 377-383.

Koutsenogii, P. K., Bufetov, N. S., e drosdova, V.I, 1993, Ion composition of atmospheric aerosol near Lake Baikal, Atmos. Environ, 27A, 1629-1633.

Krishna Moorthy K, Nair P R e Krishnamurty B.V, 1989, Multivelength solar radiomenter network network and features of aerosol spectral optical depth at Triandrum, Ind J Radio & Space Phys 18, 194.

Krishna Moorthy, K., Prabha B. Nair e B.V. Krishna Murthy, 1988, Indian Journal of Radio & Space Physics, 17, 16.

Krishna Moorthy, K., Prabha R. Nair e B.V. Krishna Murthy, 1989, Ind. Journal of Radio & space Physics, 18, 194.

Krishna Moorthy, K., Prabha R Nair, B.S.N. Prasad, N. Murali Krishnan, H.B. Gayathri, B. Narasimha Murthy, K. Niranjan, V. Ramesh Babu, G.V. Satyanarayana, V.V. Agashe, G.R. Aher, Risal Singh e B.N. Srivastava, 1993, Indian Journal of Radio & Space Physics, 22, 243.

Kundu, N., 1982: ISRO - IMAP - SP - 09 - 82, ISRO Bangalore, Índia.

Leaitch, W. R., e Isaac, G. A, 1991, Tropospheric aerosol size distributions from 1982 to 1988 over Eastern North America. Atmos. Environ. 25A, 601-619.

Leckner, B., 1978, Sol. Energy (GB), 20, 143.

Mani A, Chacko O, Hariharan S, 1969, A study of Angstrom's turbidity parameters from solar radiation measurements in India, Tellus 21, 829.

Mc Clatchey E J, 1976, optics of the atmosphere-scattering by molecules and particles, john Wiley, New York.

Moorthy, K. K., K. Niranjan, B. Narasimhamurthy, V. V. Agashe, e B. V. K. Murthy 1999, aerosol climatology over India, 1: ISRO GBP MWR network and database, ISRO GBP SR-03-99, Indian Space Res. Organ., Bangalore.

Pitts, D.E., W.E. McAllum, M. Heidt e K. Jeske, 1977, J. Appl. Meteorol (USA), 16, 1312.

Prospero J M, Charlsen R J, Mohen V, Jaenicke R, Delany A C, Moyers J, Zoller W e Rahn K, 1983, The atmospheric aerosol system: An overview, Rev. Geophys Space Phys 21, 1607.

Prospero J. M. Charlson R J, Monahan V. Jaenicke R, Delany A. C, Mayer J, Zoller W & Rahn K, Rev, 1983, Geophys & Space Phys (USA), 21, 1607.

Rosefield, D., 2000,Suppression of rain and snow by urban and industrial air pollution (Supressão da chuva e da neve pela poluição atmosférica urbana e industrial), Science, 287, 1793-1796.

Satheesh, S. K., V. Ramanathan, B. N. Holben, K. K. Moorthy, N. G. Loeb, H. Maring, J. M. Prospero, e D. Savoie, 2002, Chemical, microphysical, and radiative effects of Indian Ocean aerosols, J. Geophys. Res., 107(D23), 4725, doi: 10.1029/2002JD002463.

Sel anayagam D R, Krishana Moorthyt K, Prabha B Nair, Gurunathan Pillai A M, 1985, Multiwavelength solar radiometer, Technical report SPL: TR:01:85, Space Physics Laboratory, Vikram Sarabhai Space Centre, Trivandrum.

Shaw G E, Reagan J A, Herman B M, 1973, Investigations of atmospheric extinctions using direct solar radiation measurements made with multiple wavelength radiometer, J Appl Meteor 12, 374.

Tomasi C, Vitale V, 1983, Particulate extinction models for sun photometer measurements taken at hgh mountain stations, IL NUOVO CIMENTO 6, 19.

Printed by Books on Demand GmbH, Norderstedt / Germany